巧克力身世之謎

文 佐藤清隆　繪 junaida　譯 李彥樺

U0075081

巧克力是「甜食中的國王」。

　　當你把巧克力放進嘴裡， 甜味與苦味就在口中合而為一， 同時散發出芬芳香氣， 讓人一吃就停不下來。 巧克力的種類非常多， 有比較苦的黑巧克力， 口感溫和的牛奶巧克力， 以及顏色雪白的白巧克力等， 讓人不知道該從哪一種開始吃起才好。

　　巧克力明明又硬又脆，輕輕一折就斷掉，在口中卻能瞬間融化，讓甜美的滋味快速擴散。這種入口即化的獨特口感是怎麼來的呢？

　　祕密揭曉——巧克力是由一種奇妙的油脂製作而成。

　　巧克力明明硬邦邦的，怎麼會是用油脂做的？很多人一直都不曉得這件事，因此覺得驚訝。說到油脂，人們通常都會想到炸食物用的那種溼溼滑滑的油。

　　其實，有些油脂經過冷卻後會變硬。例如奶油及乳瑪琳，放在冰箱裡的時候很硬，但是一放在熱騰騰的烤吐司上，卻會融化成液體。

　　油　脂　會　隨　著　溫　度　變　化　而　凝　固　或　融　化，不　過　成　分　不　會　跟　著　改　變。同　樣　的　油　脂　分　子　在　液　體　狀　態　時　排　列　得　很　鬆　散，一　旦　經　過　冷　卻，卻　會　規　規　矩　矩　排　列，並　緊　密　的　連　結　在　一　起，這　個　狀　態　叫　做

「結　晶」。人　見　人　愛　的　巧　克　力，正　是　一　種　油　脂　的　結　晶。巧　克　力　的　製　作　方　法，就　是　加　熱　可　可　樹　的　種　子「可　可　豆」，融　化　裡　面　的　油　脂，並　加　入　糖　及　牛　奶　攪　拌，再　將　它　降　溫　冷　卻。

　　可ㄎㄜ可ㄎㄜ豆ㄉㄡ中ㄓㄨㄥ的ㄉㄜ油ㄧㄡ脂ㄓ叫ㄐㄧㄠ做ㄗㄨㄛ「可ㄎㄜ可ㄎㄜ油ㄧㄡ」，與ㄩˇ其ㄑㄧˊ他ㄊㄚ油ㄧㄡ脂ㄓ類ㄌㄟˋ最ㄗㄨㄟˋ大ㄉㄚˋ的ㄉㄜ不ㄅㄨˋ同ㄊㄨㄥˊ，就ㄐㄧㄡˋ是ㄕˋ會ㄏㄨㄟˋ在ㄗㄞˋ 25℃ 以ㄧˇ下ㄒㄧㄚˋ時ㄕˊ呈ㄔㄥˊ堅ㄐㄧㄢ硬ㄧㄥˋ的ㄉㄜ結ㄐㄧㄝˊ晶ㄐㄧㄥ，又ㄧㄡˋ會ㄏㄨㄟˋ在ㄗㄞˋ接ㄐㄧㄝ近ㄐㄧㄣˋ人ㄖㄣˊ體ㄊㄧˇ體ㄊㄧˇ溫ㄨㄣ時ㄕˊ融ㄖㄨㄥˊ化ㄏㄨㄚˋ成ㄔㄥˊ液ㄧㄝˋ體ㄊㄧˇ。用ㄩㄥˋ來ㄌㄞˊ製ㄓˋ作ㄗㄨㄛˋ食ㄕˊ物ㄨˋ的ㄉㄜ油ㄧㄡ脂ㄓ有ㄧㄡˇ很ㄏㄣˇ多ㄉㄨㄛ種ㄓㄨㄥˇ，卻ㄑㄩㄝˋ只ㄓˇ有ㄧㄡˇ可ㄎㄜ可ㄎㄜ油ㄧㄡ具ㄐㄩˋ有ㄧㄡˇ這ㄓㄜˋ樣ㄧㄤˋ的ㄉㄜ特ㄊㄜˋ性ㄒㄧㄥˋ。

　　在ㄗㄞˋ巧ㄑㄧㄠˇ克ㄎㄜ力ㄌㄧˋ中ㄓㄨㄥ，可ㄎㄜ可ㄎㄜ豆ㄉㄡ的ㄉㄜ深ㄕㄣ褐ㄏㄜˋ色ㄙㄜˋ成ㄔㄥˊ分ㄈㄣ，與ㄩˇ糖ㄊㄤˊ、牛ㄋㄧㄡˊ奶ㄋㄞˇ都ㄉㄡ會ㄏㄨㄟˋ形ㄒㄧㄥˊ成ㄔㄥˊ眼ㄧㄢˇ睛ㄐㄧㄥ看ㄎㄢˋ不ㄅㄨˋ到ㄉㄠˋ的ㄉㄜ微ㄨㄟˊ小ㄒㄧㄠˇ顆ㄎㄜ粒ㄌㄧˋ。可ㄎㄜ可ㄎㄜ油ㄧㄡ的ㄉㄜ細ㄒㄧˋ緻ㄓˋ結ㄐㄧㄝˊ晶ㄐㄧㄥ，則ㄗㄜˊ會ㄏㄨㄟˋ完ㄨㄢˊ全ㄑㄩㄢˊ將ㄐㄧㄤ這ㄓㄜˋ些ㄒㄧㄝ微ㄨㄟˊ小ㄒㄧㄠˇ粒ㄌㄧˋ子ㄗˇ包ㄅㄠ覆ㄈㄨˋ起ㄑㄧˇ來ㄌㄞˊ。

當ㄉㄤ我ㄨㄛˇ們ㄇㄣ˙把ㄅㄚˇ巧ㄑㄧㄠˇ克ㄎㄜˋ力ㄌㄧˋ吃ㄔ進ㄐㄧㄣˋ嘴ㄗㄨㄟˇ裡ㄌㄧˇ，油ㄧㄡˊ脂ㄓ的ㄉㄜ˙結ㄐㄧㄝˊ晶ㄐㄧㄥ一ㄧ被ㄅㄟˋ口ㄎㄡˇ中ㄓㄨㄥ的ㄉㄜ˙溫ㄨㄣ度ㄉㄨˋ融ㄖㄨㄥˊ化ㄏㄨㄚˋ為ㄨㄟˊ液ㄧㄝˋ體ㄊㄧˇ，就ㄐㄧㄡˋ釋ㄕˋ放ㄈㄤˋ出ㄔㄨ裡ㄌㄧˇ面ㄇㄧㄢˋ的ㄉㄜ˙糖ㄊㄤˊ與ㄩˇ牛ㄋㄧㄡˊ奶ㄋㄞˇ。

這ㄓㄜˋ個ㄍㄜˋ變ㄅㄧㄢˋ化ㄏㄨㄚˋ發ㄈㄚ生ㄕㄥ得ㄉㄜ˙非ㄈㄟ常ㄔㄤˊ快ㄎㄨㄞˋ，可ㄎㄜˇ可ㄎㄜˇ豆ㄉㄡˋ的ㄉㄜ˙苦ㄎㄨˇ味ㄨㄟˋ和ㄏㄢˋ香ㄒㄧㄤ氣ㄑㄧˋ，以ㄧˇ及ㄐㄧˊ糖ㄊㄤˊ與ㄩˇ牛ㄋㄧㄡˊ奶ㄋㄞˇ的ㄉㄜ˙香ㄒㄧㄤ甜ㄊㄧㄢˊ滋ㄗ味ㄨㄟˋ同ㄊㄨㄥˊ時ㄕˊ在ㄗㄞˋ口ㄎㄡˇ中ㄓㄨㄥ散ㄙㄢˋ發ㄈㄚ開ㄎㄞ來ㄌㄞˊ，產ㄔㄢˇ生ㄕㄥ巧ㄑㄧㄠˇ克ㄎㄜˋ力ㄌㄧˋ獨ㄉㄨˊ特ㄊㄜˋ的ㄉㄜ˙滑ㄏㄨㄚˊ順ㄕㄨㄣˋ口ㄎㄡˇ感ㄍㄢˇ。

　　如果把巧克力的原
料「可可豆」擺放在溫
暖、潮溼的地方，幾天
之後就會發芽。

　　可可豆的主要特性
就是擁有很多油脂。在
發芽的過程中，這些儲
存在豆子裡的油脂會被
當成生長用的養分。

　　換句話說，可可油
就好像「給可可嬰兒喝
的母乳」。要是氣溫太
低，這些油脂會凝固、
沒辦法轉化成養分，可
可豆就無法發芽了。

可₂可₂樹₂生₂長₂在₂赤₂道₂附₂近₂的₂熱₂帶₂雨₂林₂，那₂裡₂不₂僅₂氣₂候₂炎₂熱₂，而₂且₂一₂整₂年₂都₂在₂下₂雨₂。

可₂可₂豆₂的₂油₂脂₂儲₂存₂在₂種₂子₂裡₂時₂，比₂較₂不₂容₂易₂凝₂固₂，但₂當₂氣₂溫₂低₂於₂16 °C 時₂，仍₂然₂維₂持₂不₂了₂液₂體₂狀₂態₂。

歐₂洲₂、日₂本₂這₂種₂冬₂季₂寒₂冷₂的₂地₂區₂，或₂臺₂灣₂北₂部₂冬₂天₂氣₂溫₂忽₂高₂忽₂低₂的₂環₂境₂，都₂不₂適₂合₂栽₂種₂可₂可₂樹₂。唯₂有₂在₂炎₂熱₂的₂熱₂帶₂地₂區₂，可₂可₂豆₂中₂的₂油₂脂₂不₂會₂凝₂固₂，才₂能₂幫₂助₂種₂子₂發₂芽₂成₂長₂。

※ 臺灣南部屬熱帶季風氣候，能讓可可樹生長，近年更有許多農民加入種植的行列。

可可樹的幼苗必須歷經重重難關，才能成為大樹。

幼苗的葉子如果遭受熱帶豔陽直接照射，很容易枯萎。幸好熱帶雨林裡有許多高大的樹木，野生的可可幼苗能在樹蔭下成長茁壯。在專門種植可可樹的農場中，農夫們同樣會在可可幼苗旁栽種如香蕉之類的植物，讓可可苗能夠躲在其他樹木遮蔽下，好好長大。

除此之外，可可樹還很容易吸引害蟲啃食。但不要緊，熱帶雨林裡有許多動物會吃掉這些蟲。例如有些蚜蟲愛吸可可樹的樹葉及果實中的養分，而蜥蜴與青蛙會捕食牠們；切葉蟻喜歡將可可樹葉切割成碎片，而蚤蠅會產卵在切葉蟻頭部，讓孵化的幼蟲吃掉切葉蟻的頭，將牠們殺死。

但在可可樹農場裡，能幫忙吃害蟲的動物不多，農夫必須耗費心力解決蟲害，才能讓可可樹順利結果。

　　可ㄎㄜ可ㄎㄜ樹ㄕㄨˋ長ㄓㄤˇ大ㄉㄚˋ後ㄏㄡˋ會ㄏㄨㄟˋ開ㄎㄞ花ㄏㄨㄚ， 花ㄏㄨㄚ朵ㄉㄨㄛˇ直ㄓˊ接ㄐㄧㄝ長ㄓㄤˇ在ㄗㄞˋ粗ㄘㄨ大ㄉㄚˋ的ㄉㄜ˙樹ㄕㄨˋ幹ㄍㄢˋ上ㄕㄤˋ， 看ㄎㄢˋ起ㄑㄧˇ來ㄌㄞˊ真ㄓㄣ是ㄕˋ奇ㄑㄧˊ妙ㄇㄧㄠˋ。

　　雌ㄘ蕊ㄖㄨㄟˇ受ㄕㄡˋ粉ㄈㄣˇ後ㄏㄡˋ， 會ㄏㄨㄟˋ在ㄗㄞˋ樹ㄕㄨˋ幹ㄍㄢˋ上ㄕㄤˋ結ㄐㄧㄝ出ㄔㄨ橄ㄍㄢˇ欖ㄌㄢˇ球ㄑㄧㄡˊ狀ㄓㄨㄤˋ的ㄉㄜ˙果ㄍㄨㄛˇ實ㄕˊ。 這ㄓㄜˋ些ㄒㄧㄝ果ㄍㄨㄛˇ實ㄕˊ大ㄉㄚˋ約ㄩㄝ半ㄅㄢˋ年ㄋㄧㄢˊ才ㄘㄞˊ會ㄏㄨㄟˋ成ㄔㄥˊ熟ㄕㄡˊ， 接ㄐㄧㄝ著ㄓㄜ˙農ㄋㄨㄥˊ夫ㄈㄨ就ㄐㄧㄡˋ會ㄏㄨㄟˋ用ㄩㄥˋ長ㄔㄤˊ形ㄒㄧㄥˊ的ㄉㄜ˙砍ㄎㄢˇ刀ㄉㄠ採ㄘㄞˇ收ㄕㄡ果ㄍㄨㄛˇ實ㄕˊ。

　　可ㄎㄜ可ㄎㄜ果ㄍㄨㄛˇ實ㄕˊ的ㄉㄜ˙殼ㄎㄜˊ又ㄧㄡˋ厚ㄏㄡˋ又ㄧㄡˋ硬ㄧㄥˋ， 即ㄐㄧˊ使ㄕˇ是ㄕˋ成ㄔㄥˊ年ㄋㄧㄢˊ人ㄖㄣˊ， 也ㄧㄝˇ要ㄧㄠˋ拿ㄋㄚˊ果ㄍㄨㄛˇ實ㄕˊ在ㄗㄞˋ樹ㄕㄨˋ幹ㄍㄢˋ或ㄏㄨㄛˋ岩ㄧㄢˊ石ㄕˊ上ㄕㄤˋ用ㄩㄥˋ力ㄌㄧˋ的ㄉㄜ˙敲ㄑㄧㄠ打ㄉㄚˇ， 才ㄘㄞˊ能ㄋㄥˊ將ㄐㄧㄤ殼ㄎㄜˊ打ㄉㄚˇ破ㄆㄛˋ。

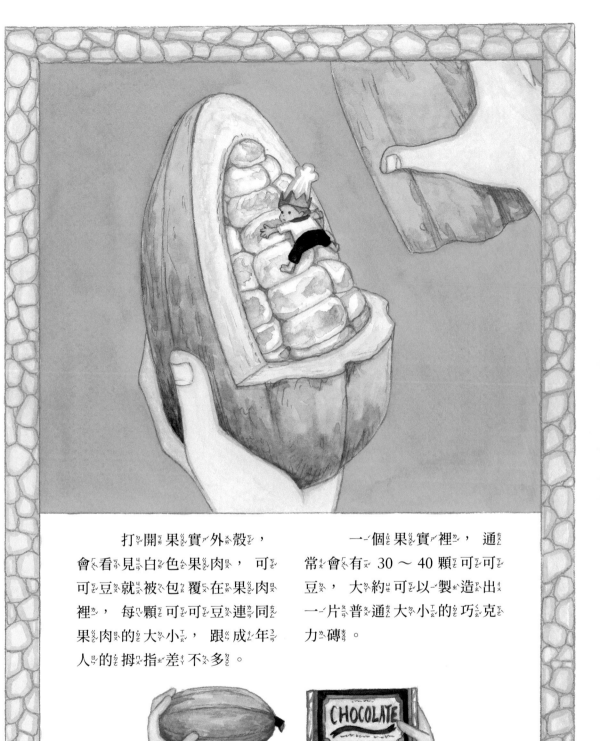

打開果實外殼，會看見白色果肉，可可豆就被包覆在果肉裡，每顆可可豆連同果肉的大小，跟成年人的拇指差不多。

一個果實裡，通常會有 30 ～ 40 顆可可豆，大約可以製造出一片普通大小的巧克力磚。

剛從果殼中取出來的可可豆很酸澀，沒有辦法食用。農夫會將豆子連同果肉用香蕉葉包起來，或放在木箱裡，讓它們發酵。

發酵就是利用非常非常小的微生物，讓一種物質變化成另一種完全不同的物質。很多食物經過發酵後，會變得較適合人類食用或更美

GHANA

迦納
苦味較明顯而酸味較淡，香氣濃郁。

ECUADOR

厄瓜多
苦味和酸味都很強，香氣類似花香。

味。可可豆發酵後不再有澀味，而且過程中所產生的成分，就是巧克力的滋味與香氣來源。

這些幫助發酵的微生物藏在農夫的手上、香蕉葉表面，以及用來發酵的木箱中。由於各地區的微生物種類及數量都不同，可可豆發酵後的風味會依產地及農場而有所差異，巧克力的口感也不太一樣。

可可豆如果發酵過頭，滋味反而會變差，因此發酵大約五天就要停止，進入乾燥階段。乾燥後的可可豆會變成淺褐色。

採下來的可可果實必須盡快處理，否則豆子的品質會變差，因此發酵及乾燥作業一定都得在農場的附近進行。

VENEZUELA

委內瑞拉
苦味較柔和，香氣類似堅果。

INDONESIA

印尼
酸味強烈而顯得苦味較淡，香氣溫和。

發酵及乾燥完的可可豆會被運送到工廠，開始進行巧克力的製作流程。

首先要烘烤，這是非常重要的步驟。烘烤可可豆時溫度升高，發酵產生的物質再度變化，形成巧克力的獨特滋味，以及令人忍不住想要嚐一口的香氣，顏色也會轉變為深褐色。

　　接下來則是幫豆子去皮，然後加熱與研磨，使裡面的油脂流出來。剛開始搗碎可可豆時，看起來乾乾的，但再研磨一陣子後，粉末裡就會滲出油脂來，變成濃稠的液體「可可膏」。

　　將可可膏繼續加熱，加入牛奶、糖，或甚至放入其他的可可油，持續研磨及攪拌，冷卻定型後就是巧克力了。

　　要製作出美味的巧克力，關鍵就在冷卻的方式。如果我們把買來的巧克力磚加熱融化，再放置一段時間讓它冷卻凝固，巧克力表面就會出現白色的粉末，這就是巧克力的霜花。

　　出現霜花的巧克力吃起來乾乾的，不如原本好吃。這是因為巧克力裡面，可可油結晶的形狀產生變化，導致口感和融化溫度跟著改變了。

　　可可油會因冷卻的方式不同，而出現六種不同的結晶。每種結晶內部的油脂成分，排列方式都不一樣。結晶的形狀非常複雜，並不像圖片畫得這麼簡潔。只有其中一種結晶適合製造巧克力，因為這種結晶的可可油，融化的溫度與我們的舌頭溫度相同。其他種類的結晶，有的輕輕觸摸就會融化，有的放進嘴裡也不會化開。

適合製造巧克力的可可油結晶，裡面的分子排列得非常規則又緊密，所以密度很高，能夠反射光線，讓巧克力表面呈現美麗的光澤。

要製作出這樣的結晶，必須經過「調溫」的複雜冷卻程序：先用約50℃的高溫讓巧克力融化，然後一邊攪拌，一邊降溫到26～27℃；接著加熱至31℃左右，最後再逐漸冷卻到約20℃。

經過調溫步驟後，就能產生最棒的結晶，完整包覆糖及牛奶的微粒，變成最美味的巧克力。即使是起了霜花的巧克力，只要再重新操作調溫一次，就可以變回好吃的巧克力。

要製作巧克力，必須讓可可的油脂冷卻凝固，但是可可樹生長在熱帶地區，從前要讓可可油凝固並不容易。因此在過去長達五千年的歲月中，可可一直是一種「飲料」。古代人會將炒過的可可豆磨成糊狀，與煮熟搗碎的玉米一起放入冷水中飲用。

研究顯示可可樹的原產地在南美洲的亞馬遜河流域。人類的祖先大約出現在二十萬年前的非洲，花了很長的時間逐漸遍布至世界各地。他們從西伯利亞走到阿拉斯加，再沿著北美洲南下，在距今約一萬五千年前發現了可可樹這種植物。

在人類遇上可可樹之前，可可樹一直是猴子、松鼠及啄木鳥的食物。牠們會吃可可豆，也會吃包覆豆子的甜美果肉。

歐洲

● 英國
　● 荷蘭
　　● 瑞士

● 西班牙

● 迦納

非洲

N

W

S

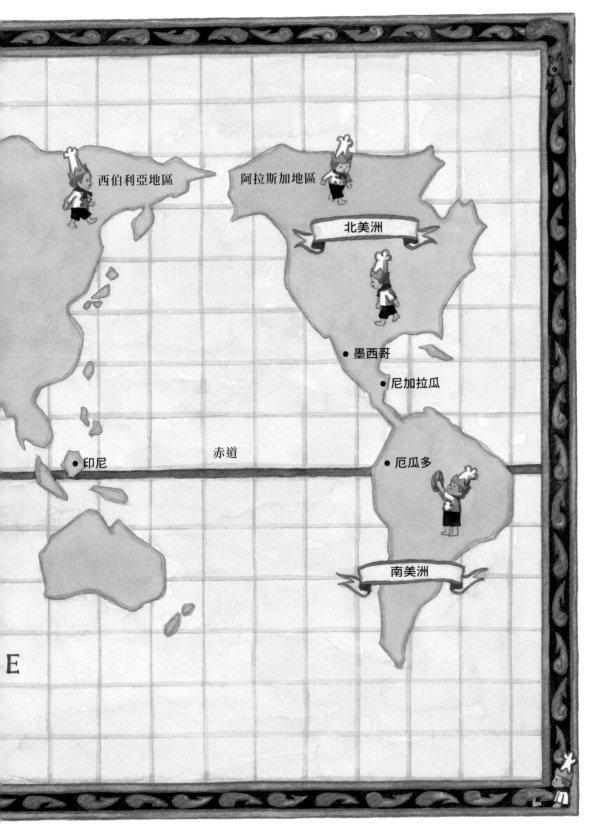

西伯利亞地區

阿拉斯加地區

北美洲

墨西哥

尼加拉瓜

赤道

印尼

厄瓜多

南美洲

E

MANO

METATE

人類和其他動物一樣，剛開始只是吃可可的果肉。不過，根據出土自約五千年前的厄瓜多古陶器，考古學家推測當時的人類已經開始將可可當成飲料。那時候的人們可能是將可可的果肉發酵，製作成水果酒。

後來，人類漸漸學會吃可可的豆子，或許是發現可可豆營養豐富的關係。人類最早食用可可豆的方式，是先將豆子炒過，消除澀味，然後使用名為METATE的石製磨盤及MANO的石棒或石塊，將可可豆磨碎來吃。

在古代的中美洲地區（相當於現在的墨西哥、尼加拉瓜一帶），可可豆是非常珍貴的食物，還可以當成錢，用來交換其他東西。當時可可豆被視為「神所賜予的食物」，只有王族、貴族及戰士才能飲用可可製成的飲料。

到了十五世紀，歐洲人駕船遠渡重洋，抵達了美洲大陸。這些歐洲人消滅許多中美洲地區的國家，掠奪大量資源，將原住民種植的穀類及蔬菜帶回歐洲，可可也在十六世紀傳入了西班牙。由於西班牙的氣候較寒冷，可可在接下來的歲月裡，逐漸發展、變身成為巧克力。

一一開始，歐洲人各自依自己喜好的方式來飲用可可這種飲料。有修道院嘗試在可可裡加入糖及香草，變成一種又香又甜的飲品。這樣的喝法引發流行，讓可可從西班牙的宮廷傳播至全歐洲的貴族社會。

在可可傳入歐洲初期，大約有三百年的時間，可可是只有王族和貴族才能喝的珍貴飲品。

進入十八世紀後，一般百姓才開始喝可可，同時也會喝較晚傳入歐洲的咖啡、紅茶。然而到了十九世紀，咖啡及紅茶在平民社會中越來越受歡迎，喝可可的人卻越來越少。

這是因為咖啡及紅茶只要用熱水沖泡就能喝，但是要喝可可，必須先使用加熱的石製器具將可可豆磨碎才行。這對擁有許多僕人的貴族來說當然沒什麼大不了，但在一般民眾的眼裡，喝可可是一件十分麻煩的事情。

這個問題直到西元1828年才解決。荷蘭人梵豪登（Van Houten）研發出一種特殊技術來製造可可粉，一般民眾喝起來就很方便了。

可可油

他先將可可豆磨成濃稠的可可膏，然後用布過濾這些可可膏，再擠出大約一半的油脂；這樣一來，減少油脂的可可膏，就能做成深褐色的乾燥粉末。在粉末裡加入糖以及熱牛奶，攪拌均勻後就是一杯美味的熱可可。

事實上在製作可可粉時擠出的可可油，是製作巧克力不可或缺的原料。

現在我們將牛奶巧克力放大來看看。

可可油裡面，有著許多糖及牛奶的微小顆粒。可可豆的深褐色成分也會以非常非常細微的狀態混雜在可可油中。

這種可可油結晶中的油脂分子排列規則又穩定，結晶呈現薄片狀，能以各種不同的形狀和方向，在巧克力中凝聚堆積起來。

牛奶巧克力中
糖和其周邊的構造
（上半部剖開的樣子）

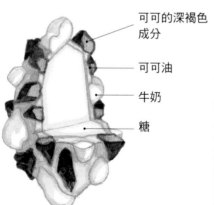

可可的深褐色
成分

可可油

牛奶

糖

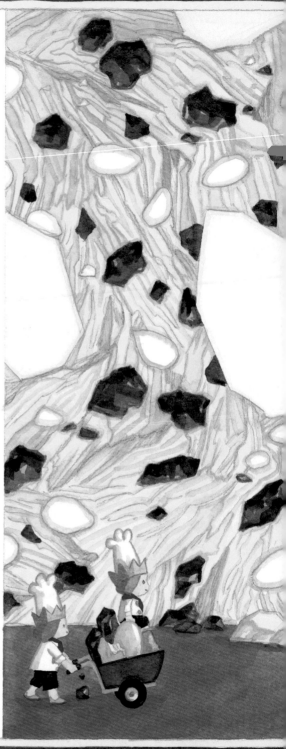

現在我們把上一頁牛奶巧克力中糖周邊的構造，用簡單的形狀畫出來。（實際上當然沒有排列得這麼方正。）

要形成美味的巧克力，可可油的結晶必須完美包覆糖及牛奶的微小顆粒。但是要製作出這種狀態的巧克力，是一件非常困難的事。

像這樣含有牛奶的巧克力，叫做「牛奶巧克力」。但是一開始問世的巧克力，其實是沒有加入牛奶的「黑巧克力」。

牛奶巧克力中
糖和其周邊的構造

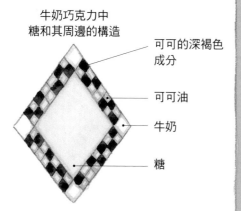

可可的深褐色成分

可可油

牛奶

糖

CACAO ■
CACAO OIL ☐
MILK ☐
SUGAR ☐

　　歐ˢ洲ᵘ的ˢ氣ˋ溫ᵘ比ˊ熱ⁱ帶ˋ地ˋ區ᵘ低ⁱ得ˊ多ᵘ，加ˇ熱ⁱ形ˊ成ˊ的ˢ可ˇ可ˇ膏ᵘ在ˋ放ˋ涼ˊ之ⁱ後ˋ會ˋ自ˋ然ˊ凝ˊ固ˋ。那ˋ麼ᵘ問ˋ題ˊ來ˊ了ˢ，在ˋ可ˇ可ˇ膏ᵘ冷ˇ卻ˋ前ˊ趕ˇ緊ˇ加ˇ入ˋ糖ˊ攪ˇ拌ˋ均ᵘ勻ˊ，冷ˇ卻ˋ後ˋ就ˋ能ˊ變ˋ成ˊ巧ˇ克ˋ力ˋ嗎ᵘ？

　　答ˊ案ˋ是ˋ不ˋ行ˊ。因ᵘ為ˋ光ᵘ靠ˋ原ˊ本ˇ可ˇ可ˇ膏ᵘ裡ˇ含ˊ有ˇ的ˢ油ˊ脂ᵘ量ˋ，並ˋ不ˋ足ˊ以ˇ包ᵘ覆ˋ大ˋ量ˋ的ˢ糖ˊ微ˊ粒ˋ。這ˋ樣ˋ的ˢ巧ˇ克ˋ力ˋ，沒ˊ辦ˋ法ˇ在ˋ口ˇ中ᵘ完ˊ美ˇ融ˊ化ˋ，吃ᵘ起ˇ來ˊ根ᵘ本ˇ不ˋ美ˇ味ˋ。比ˇ起ˇ沒ˊ有ˇ經ᵘ過ˋ特ˋ殊ᵘ調ˊ溫ᵘ的ˢ冷ˇ卻ˋ方ᵘ式ˋ，這ˋ個ˋ問ˋ題ˊ更ˋ麻ˊ煩ˊ。

　　到了西元1847年，英國人約瑟夫‧弗萊（Joseph Fry）想到一個方法，那就是在可可膏內加入糖的同時，另外再加入一些可可油。此時加入的可可油，就是在製作可可粉時，擠出來的多餘油脂。只要在可可膏中多加一點可可油，可可膏裡的油脂成分就足夠包覆全部的糖微粒。這麼一來，冷卻凝固後就成了入口即化的巧克力。

　　這就是最早期的黑巧克力。

　　但是黑巧克力實在太苦了，於是許多人又開始研究在裡面加入牛奶，想讓它嚐起來更溫和滑順。然而，初期的嘗試都失敗了。原因是油脂跟水無法均勻混合在一起。牛奶的主要成分是水，就算倒入融化的黑巧克力中，它們還是會分離。要製作出牛奶巧克力，並不是一件簡單的事。

　　一直到西元1875年，瑞士人丹尼爾·彼得（Daniel Peter）歷經了八年的研究，才終於成功製造出牛奶巧克力。

　　訣竅就是必須先讓牛奶經過乾燥、去除水分，變成細緻的粉末。如此一來，可可油就能夠將牛奶完整的包覆起來。

　　牛奶巧克力減少了可可的苦味，變得更好入口，很快就成為風靡全世界的新產品。後來又發明出調溫技術，經過這一連串步驟製作出來的成品，就是我們如今常常吃的美味巧克力，「甜食中的國王」終於達到完美的境界。

這麼一小塊巧克力
竟然結合了大自然的力
量與人類的技術，可說
是奇蹟的結晶。

從人類發現可可樹開始，到利用它的奇妙油脂做出巧克力，耗費了將近一萬年的時間。

世界上找不到另一種食物像巧克力這樣，食用方式在如此漫長的歲月裡，經歷這麼巨大的轉變。未來巧克力還會發生什麼樣的變化？